U0626264

神奇的古动物馆

振翅史前天空

顾霞 著 初冬伊 绘

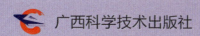

广西科学技术出版社

馆长爸爸和小达尔文科学探险队

尹五朵，科学探险队年龄最小的队员，陶旦的表妹，时常会问一些可爱的问题，特别羡慕馆长爸爸的科研工作，希望自己长大了也能揭开化石的神秘面纱。

俞果，科学探险队的核心成员，全队的"智慧担当"，不过有时候会迷信书本上的知识。

馆长，睿智博学的古动物馆馆长，醉心于科研，经常带领科学探险队去野外考察，科学探险队队员都亲切地喊他"馆长爸爸"。

王可儿，科学探险队里最受欢迎的知心姐姐，懂得照顾他人，学习也很细致用心。

呼噜噜，馆长家的猫，好奇心重，常常会闯下让人哭笑不得的祸。

陶旦，科学探险队的"搞笑担当"，淘气的乐天派，对俞果自认为老大的做法深不以为意，拥有莫名其妙的好运气。

科学顾问

蒋顺兴 博士，中国科学院古脊椎动物与古人类研究所副研究员，博士生导师，中国科学院青年创新促进会会员。主要从事翼龙的形态学、系统学、组织学及相关的地层学研究。主持国家自然科学基金青年基金、面上项目等，并参与基础科学中心项目、国家重点研发计划等多个国家级项目。在 Science、Current Biology 等学术刊物上发表翼龙相关研究论文 30 余篇，科普论文 20 余篇。

王 原 中国古动物馆馆长，中国科学院古脊椎动物与古人类研究所研究员，博士生导师。主要从事古两栖爬行动物研究与地质古生物学科普工作，曾获国家自然科学奖、全国创新争先奖、中国科学院杰出科技成就奖和多项国家级图书奖励。

李志恒 中国科学院古脊椎动物与古人类研究所副研究员，主要从事鸟类演化研究，参与中生代鸟类微观形态演化，以及新生代鸟类多样性的演化和气候变化等相关课题。探索利用多种技术手段如 CT、同步辐射和扫描透射显微镜等成像及分析，为鸟类形态的演化提供新的参考依据。

追寻了不起的生命

生命是大自然中最为神奇的存在。躯体不过是由常见的物质组成的，却有知觉、能行动，沧海桑田，经历着悲欢离合。个体在历史中转瞬即逝，生命却能在漫长的时光中延绵不绝。生命的功能数之不尽，却日用而不知。几乎每一个小朋友都问过这样的问题：我从哪里来？这似乎是我们对生命最初的直觉。

生命从哪里来？人们思索了上千年，时至今日，这个谜题仍然无法被破解。从开天辟地、抟土造人的神话传说，到达尔文的《物种起源》，再到现代的遗传学、分子生物学、基因技术等，人们做了种种探索，可我们所做的仍然不过是在一步步的回溯中逐渐接近那个终极谜题的答案。

追溯生命的起源与过程，最好的依据无疑是化石。中国古动物馆收藏着许多世界罕见的化石，吸引着全球各地的学者前来观察、研究。世界上的第一条鱼海口鱼，亚洲最大的恐龙马门溪龙，被写进小学语文课本的黄河象以及带羽毛的恐龙，十分珍贵罕见的活化石拉蒂迈鱼……许多摆在角落的小化石，背后是足以书写一本厚厚著作的生命故事。

提到史前生物，小朋友们首先想到的往往是霸王龙、侏罗纪公园。很少有人能第一时间想到中国是发现恐龙化石种类最多的国家，也很少能想到澄江生物群为研究古生物和地质学上的一大"悬案"——寒武纪生命大爆发提供了多少宝贵的资料。

这种状况与国外在科普方面投入的精力不无相关，相关的作品层出不穷，使公众产生了优秀的科研成果集中在国外的感觉。事实上，中国地大物博，境内史前生物的物种丰富程度在世界上首屈一指，在研究古生物方面拥有得天独厚的优势。再加上专业人才越来越多，国内关于古生物的研究成果在世界上往往会引起轰动。早在 30 多年前，张弥曼院士对杨氏鱼的研究就改变了国际上对四足动物起源的看法；今天，中国的一流研究队伍依然经常在世界顶级的学术刊物上发表诸多前沿成果。可惜由于国内在大众科普传播方面仍然有所欠缺，这些专业的成果并没有为人所熟知。这种感觉如同坐拥宝山而两手空空，不免令人扼腕叹息。

恰在此时，广西科学技术出版社联合中国古动物馆，推出了一套关于中国史前动物演化的少儿科普绘本《神奇的古动物馆》丛书。这套绘制精美、知识扎实的科普绘本依托收藏国内宝贵化石的中国古动物馆和中国科学院古脊椎动物与古人类研究所的一流专家，从中国独有的古鱼、海生爬行动物、恐龙、古鸟、史前哺乳动物的演化历程入手，在每个类别中精心挑选了15—18种最有代表性的动物，以馆长与5名性格各异的小伙伴（其中还有一只闯祸精小猫）的冒险经历为线索，将生命起源与演化的故事娓娓道来，同时介绍生命演化中跨世纪的大事件，为青少年读者展示一个又一个波澜壮阔的生命故事。

在海中漫游的"世界第一鱼"海口鱼；踏上陆地的"冒险家"提克塔利克鱼；放弃浅海、在暗无天日的深海中偏安一隅，却因此逃过了灭绝命运的拉蒂迈鱼；从陆地回归海洋的鱼龙；冲上天空的翼龙与孔子鸟……这些曾经在地球上奋力挣扎生存的生命，有些只留下了些微印痕，有些到现在还在我们的血脉中延续。这些生命留下的痕迹你都可以在中国古动物馆中亲眼看到。相信看过这些故事之后，冰冷的化石在小朋友的心中必将鲜活起来。

这套文字优美的手绘科普丛书虽不是皇皇巨著，但它背后的专家队伍比起那些大部头却不遑多让。来自中国古动物馆的馆长王原、副馆长张平等，都有着多年的科研、科普与野外考察经历，他们在繁忙的工作中，将多年来的深厚积淀都凝聚到了这套专为中国儿童写作的科普丛书中。而来自中国科学院古脊椎动物与古人类研究所的朱敏研究员等，都是国际上赫赫有名的古鱼类研究专家，他们对保证这套丛书的知识正确、故事流畅提供了极大的帮助，将学术论文中艰深晦涩的名词，翻译成了小朋友可以看懂的故事与对话。

《神奇的古动物馆》内容、文字、画面都追求尽善尽美，我相信，在给小朋友们讲解中国古动物演化史的所有书籍中，这套丛书将因其丰富、权威、有趣而赢得小朋友们的认可，并帮助小朋友们重新理解生命和科学。

中国科学院院士
国际古生物协会主席

写给对古动物好奇的小朋友

　　中国古动物馆是一座非常受小朋友欢迎的博物馆。每到周末和假期，展厅里总是挤满了好奇求知的小朋友。1998 年，博物馆针对儿童和青少年创办了"小达尔文俱乐部"，组织的各种科普活动也最受小朋友们的欢迎。作为中国古生物学会的科普教育基地，我们已经组织撰写了多部面向大众的介绍博物馆藏品和古生物研究成果的图书，但始终没有一部专门送给小朋友们的科普书，这不能不说是一个遗憾。

　　《神奇的古动物馆》的出版弥补了我们这个遗憾。尽管馆里经常组织各种有趣又长知识的科普活动，但我始终认为，书籍的作用无可替代。为了使写给小朋友们的首套科普绘本尽善尽美，我们尽可能调动馆里可用的资源，并安排众多同仁加入绘本的创作中；在知识点的取舍上，我们反复推敲，并努力将国内外古生物学最新的研究成果浓缩进来；在绘本故事的创作上，馆中的年轻同仁们从小读者角度出发，提供了无限的创意；出版社的各位编辑老师的细致工作也让这套丛书能够以较高的质量出版；我们还邀请中国科学院古脊椎动物与古人类研究所的专家同仁一次次地审读，作为我们最坚强的学术后盾。在此，我对所有的创作参与者和支持者表示衷心的感谢！

　　脊椎动物的演化是一件神奇的事情。在 5 亿多年的时光中，各种不可思议的动物登上历史的舞台。它们演化出的器官和组织有些已经湮灭在历史的烟尘中，有些则至今仍在地球生物中发挥着重要的作用。谁能想象得到，对人类至关重要的脊椎骨是从一条拇指大小的小鱼身上演化而来的呢？在动辄数十米长的史前动物面前，现在的大象和长颈鹿都显得渺小。在这套图文并茂的科普绘本中，小朋友们可以一睹形形色色的史前生物的真容，了解我们身上的重要生物结构是从何而来的。

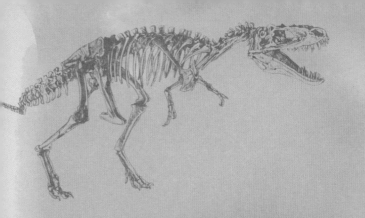

　　为了使小读者对脊椎动物的演化有一个更加整体、更加系统的认识，我们按照脊椎动物的分类和演化顺序，将这套科普绘本分成鱼类、两栖类、爬行类、鸟类、哺乳类 5 个分册，每个分册介绍对应类别中最有代表性的十几种古动物。螺旋形牙齿的旋齿鲨、统治海洋的鱼龙、长脖子的马门溪龙、冰河时代的猛犸等，都将出现在这套精美的绘本中。而在每册书的末尾，还加入了关于生物演化顺序和重点物种的知识图谱，以及可以和小伙伴一起玩上一局的"演化飞行棋"。我们希望整套书的内容既能让小读者们感到丰富多彩，又觉得生动有趣。

　　我希望，这套书呈现给小朋友们的，不仅有严谨的知识，还有精彩的故事、科学研究的艰辛与乐趣，以及科学家们的不凡魅力。如果这套书还可以唤起小读者们对生命的珍惜、对古生物学的兴趣，并点燃对科学探索的热情，未来能更多地投身到科学研究中，那么这套书的出版也就超额实现了我们的初衷。

　　如果你觉得书里讲的故事不清楚，或者不好玩，请告诉我们，我们将在以后进一步完善。

中国古动物馆馆长
中国科学院古脊椎动物与古人类研究所研究员

今天是 10 月 4 日，也是"世界动物日"，学校专门为小朋友们组织了一场爱动物主题活动，展示了鸟、熊猫、大象、长颈鹿等很多动物的知识。

鸟类在地球上已经生活了1亿多年，现代鸟类有1万多种，化石证据表明它们竟然是霸王龙的"亲戚"。目前有很多鸟类濒临灭绝，如绿孔雀、朱鹮、中华秋沙鸭等。

回到家后，大家找馆长爸爸评理，他告诉孩子们风神翼龙是已知最大的飞行动物，出现于约 6800 万年前的白垩纪晚期，翼展超过 11 米，是名副其实的空中巨无霸。

孩子们，一定要记住，翼龙既不是恐龙也不是鸟，而是最早可以飞行的爬行动物，但是已经灭绝了。

翼龙到底是恐龙还是鸟啊？

原来翼龙的"龙"指的是爬行动物，而不是恐龙！

风神翼龙的头骨长约 2.5 米，巨大的尖嘴里没有牙齿，但颌骨上面覆盖着坚硬的角质层，被称为恐怖的"死亡之喙"。任何不会卡住咽喉的东西，都会被它们列入食谱。

但在加拿大发现的一只风神翼龙，指骨里深深嵌入一颗兽脚类恐龙的牙齿，可见生活在同一地区的"陆地霸主"会经常拿风神翼龙当零食。

风神翼龙、长颈鹿和人类高度对比图

什么？居然还有能飞的爬行动物，真是太神奇了！

也就是说，今天的鸟类和翼龙并没有演化上的关系喽！

羽翼飞天

在脊椎动物进化史上，只有翼龙、鸟类和蝙蝠这三个家族真正掌握了飞行的技巧。翼龙的第四指长度足有其他指头的20倍，用于附着翼膜形成翅膀；鸟类飞行靠的是加长且愈合的掌骨以及飞羽；蝙蝠是唯一具有飞行能力的哺乳动物，它的第一指保留了爪子形态，另外四根指头与延长的掌骨撑起翼膜。

翼龙：约2.3亿年前至约6600万年前

鸟类：约1.5亿年前至今

蝙蝠：约5000万年前至今

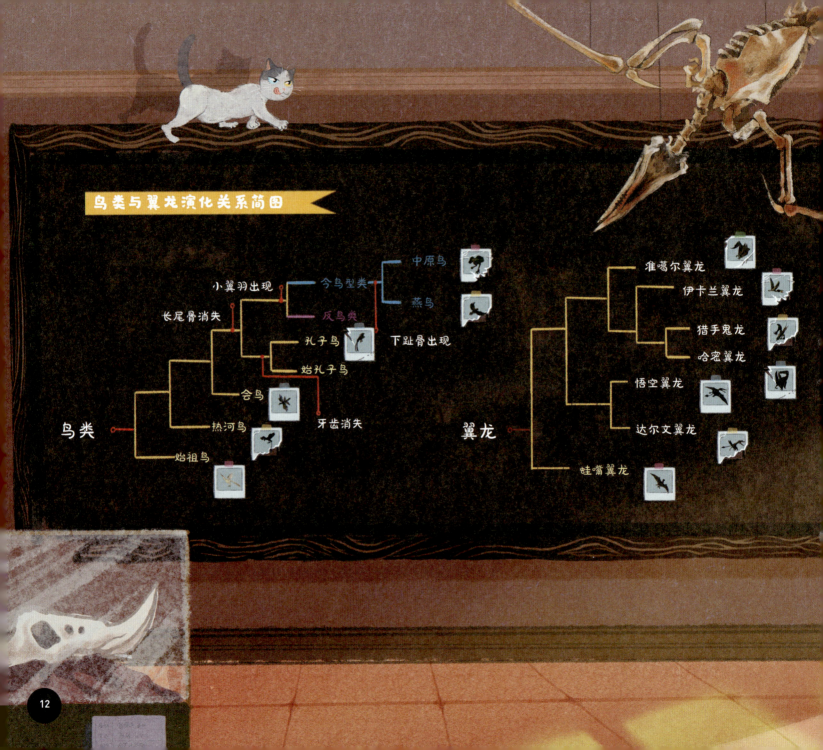

鸟类与翼龙演化关系简图

今鸟型类　中原鸟
　　　　　燕鸟
小翼羽出现
反鸟类
长尾骨消失
　　　　孔子鸟　　下趾骨出现
　　　始孔子鸟
鸟类　　会鸟
　　热河鸟　　牙齿消失
始祖鸟

崔氏翼龙
伊卡兰翼龙
猎手鬼龙
哈密翼龙
悟空翼龙
达尔文翼龙
翼龙
蛙嘴翼龙

第二天，馆长爸爸带领大家来到中国古动物馆，参观翼龙与古鸟展区，孩子们与馆长爸爸一起认识了许多中国著名的古鸟与翼龙。馆长爸爸再三嘱咐大家，眼前的可都是非常珍贵的化石，只能观察，不能用手触碰。

由于时间太久远，鸟类与翼龙演化关系简图上的图片都模糊不清。馆长爸爸说这些照片都破损或者丢失了，正在发愁如何将照片恢复原貌或者找回来。

从 2.3 亿年前的三叠纪晚期到 6600 万年前的白垩纪晚期，翼龙战队逐渐朝着体形巨大化、长相奇特化的方向不断前进，霸占恐龙头顶的领空长达 1 亿多年，而最早的鸟类出现于约 1.5 亿年前的侏罗纪晚期。

这里缺了好多照片，好可惜呀！

目前科学家们普遍认为，世界上最原始的鸟是始祖鸟，好想亲眼看看这些古鸟都长什么样子。

呼噜噜好像不见了！

翼龙和鸟到底谁先出现呢？

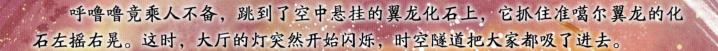

呼噜噜竟乘人不备，跳到了空中悬挂的翼龙化石上，它抓住准噶尔翼龙的化石左摇右晃。这时，大厅的灯突然开始闪烁，时空隧道把大家都吸了进去。

15

大家被带到了一片神奇的草原上，漫山遍野的鲜花在微风的吹拂下翩翩起舞。眼前一幢特别的房子吸引了大家的注意，门牌上写着"飞龙照相馆"，门前摆放着一个别致的"飞龙信箱"。

照相馆门前站着一位老奶奶，她旁边竟然有一只准噶尔翼龙！老奶奶交给馆长爸爸一部"飞龙相机"，并告诉大家，这部神奇的相机不仅可以拍照，而且只要在里面输入任意一个年代和地点，准噶尔翼龙就能带他们去与之相应的地方。

世界上的"第一只鸟"

化石记录显示，鸟类是从一群被称为"兽脚类"的恐龙中演化而来的。目前已知最古老的鸟类是始祖鸟，它的化石首次被发现于德国侏罗纪晚期地层中。始祖鸟不仅可以在树枝间攀爬和滑翔，还能够扇动翅膀飞行。

始祖鸟

目前已知最古老的翼龙是来自意大利的真双型齿翼龙，生活于2亿多年前的三叠纪晚期。它的头部巨大，翼展约1米，长尾巴的末端有个钻石形标状物，利于在飞行中保持平衡。

真双型齿翼龙

孩子们，不要着急，你们乘坐准噶尔翼龙穿越到翼龙和古鸟生活的年代，用这部"飞龙相机"拍下10张以上飞行动物的照片后，这只翼龙就能带你们回家。

要搜集齐不同年代的翼龙与古鸟照片，该从何找起呢？
馆长爸爸想了想，决定从中国发现翼龙与古鸟化石比较集
中的几个生物群入手，肯定能找到它们的身影。

现在就出发吧！

穿越的第一站，大家来到了 1.6 亿年前侏罗纪晚期的燕辽生物群。内蒙古宁城县小有名气的宁城热河翼龙，就是这个生物群中的一员。热河翼龙长有精美的翼膜以及遍布全身的"毛"，它的发现为研究翼龙是否是温血动物提供了重要依据。

阿霍氏树贼兽

那是宁城热河翼龙，头短而宽，嘴形似蛙，外号"蛙嘴小·方脸"。科学家们把这类原始喙嘴龙类归在了蛙嘴翼龙科，蛙嘴翼龙科是唯一具有短尾特征的喙嘴龙类。

天上那只浑身毛茸茸的家伙是谁啊？它可真像蝙蝠。

它比风神翼龙小多了，毛茸茸的，看上去真可爱呀！

热河翼龙两翼展开约 90 厘米。身上的毛发很可能是用于调节体温、增强飞行能力或在飞翔中捕获猎物时消减声音的。

它长有少量长而弯曲的牙齿，可能以水边的昆虫为食。长长的第四指与胸部的翼膜相连，为它的翅膀点个赞！

20

目前已知的燕辽生物群脊椎动物化石主要分布于辽宁西部、河北北部、内蒙古东南部等地，其中尤以内蒙古宁城道虎沟、辽宁建昌玲珑塔两个地点的化石较为丰富。

宁城热河翼龙

翼龙被认为是温血动物的化石证据

1　有可以保温的羽毛。

2　化石上有调节体温的血管印痕。

3　体内残存少量高热量的食物，如鱼的鳞片和鱼刺等。

4　骨骼结构、脑部结构类似于温血鸟类。

獭形狸尾兽生存于约1.65亿年前，它是世界上发现的唯一半水生的中生代哺乳动物，也是已知体形最大的侏罗纪哺乳动物。

獭形狸尾兽

大家在准噶尔翼龙的带领下看到了好多从未见过的动物，兴奋极了！馆长爸爸准备去沼泽深处的丛林看看，希望在燕辽生物群能有更大的收获。

大家被眼前的美景深深吸引了，准噶尔翼龙也落到地面上，跟着大家一起寻找。突然，一只受了惊吓的李氏悟空翼龙从陶旦旁边的丛林里一飞而起。

李氏悟空翼龙

架起翼龙演化过渡的桥梁——悟空翼龙

悟空翼龙类成员的头部已经开始向翼手龙类演化，脖子和手掌相对加长，尾椎的数量和长度相对减少。但它的第五趾还很长，属于原始的喙嘴龙的特征。

李氏悟空翼龙

中国鲲鹏翼龙

玲珑塔达尔文翼龙

粗齿达尔文翼龙

鲲鹏翼龙未定种

*标红部分为第五趾。

让我赶紧来个精彩抓拍！这种翼龙个子小小的，尾巴真特别。我相信它是照片墙上的一种翼龙。

这么漂亮的尾巴在进步的翼龙身上可看不到！

五朵说得没错，这是一种过渡阶段的悟空翼龙类——李氏悟空翼龙，它的化石是 2006 年在燕辽生物群被发现的，李玉同师傅用了半年之久才将它的化石修复好。加上它像《西游记》里的孙悟空一样能"腾云驾雾"，所以有了这个名字。

个头跟大雁很像，不过它们嘴里有牙齿，看起来有点凶。

我们再往里走走吧！

胡氏耀龙

翼龙尾帆的形状复原示意图

长尾翼龙的尾巴

为了飞行或自卫，动物们演化出了奇形怪状的尾巴。

1. 长尾翼龙尾巴末端的尾帆用来在飞行时保持身体的平衡，就像飞机的尾翼一样。

2. 甲龙的尾巴末端长着一根"大棒槌"。

3. 剑龙的尾巴后面武装着两对尖尖的刺。

4. 马门溪龙的尾巴能像鞭子一样抽打敌人。

甲龙的尾巴 　　剑龙的尾巴 　　马门溪龙的尾巴

奇翼龙

馆长爸爸已经拍下了两种翼龙的照片，继续在树林里探路，突然发现呼噜噜不见了。又是这只淘气的猫！一个小时过去了，尽管沿途看到了无数新奇的动植物，但就是不见呼噜噜的踪影。

静悄悄的树林里突然传出一阵猫咪害怕的叫声，大家终于在一棵大树下找到了呼噜噜，只见它正蜷缩在树下瑟瑟发抖，原来它是被模块达尔文翼龙追赶到这里的。

模块达尔文翼龙属于悟空翼龙类，研究发现，它的头颈和尾巴等不同部位的进化速度可能有所不同，这说明生物进化可能是以"模块"的方式进行的。为纪念提出进化论的达尔文，2010 年，研究人员将新发现的这种翼龙命名为模块达尔文翼龙。

模块达尔文翼龙

赫氏近鸟龙

达尔文翼龙的发现揭示了翼龙的演化过程			
	第一阶段	第二阶段	第三阶段
特征	头部和颈部先演化	颈部之后的其他部分开始演化	第五趾最后演化
具体表现	头部和颈椎加长，颈肋退化缺失	尾巴变短，手掌加长	足部第五趾退化

呼噜噜的意外走丢让小朋友对燕辽生物群产生了一丝畏惧。馆长爸爸看出了大家的心思，决定带大家开启新的旅程。这一次，他们来到了 1.2 亿年前白垩纪早期的热河生物群。小朋友们被眼前热闹非凡的场景深深吸引，之前的畏惧早已抛到九霄云外，个个都兴奋不已。

原始热河鸟

说得没错！如果说始祖鸟是"天下第一鸟"，那么原始热河鸟就是"中国第一鸟"。它是中国迄今发现的最原始的基干鸟类，原始性仅次于始祖鸟，我得赶紧把它拍下来！

它的尾巴很长，尾部羽毛是奇特的"双尾羽"。尾前部有 5—6 根类似于现代鸟类的扇状尾羽，可能是为了减小飞行阻力；后端保留了 11—13 根类似于某些恐龙的较为细长的片状尾羽，可能用来展示和炫耀。

这只鸟我在书上看到过，是原始热河鸟，也被称为"神州鸟"。

而且它的上下颌也太厉害了吧，这么坚硬的果壳都能压碎，真是深得恐龙的真传啊！

快看，树上有只大鸟在吃银杏果呢！

原始热河鸟与现代的鸟类有何不同？

1. 原始热河鸟的翅膀上有 3 根锋利的指爪；而现代鸟类翅膀上没有爪，不过保留有爪子的痕迹。

2. 原始热河鸟下颌有少量牙齿，上颌无齿；而现代鸟类的嘴里没有牙，只有喙。

3. 原始热河鸟拖着长长的骨质尾巴，现代鸟类真正的尾巴非常短。

董氏中国龙

什么是热河生物群

顾氏小盗龙

距今 1.31—1.2 亿年前的白垩纪早期，一群生活在我国辽宁西部、河北北部和内蒙古东南部等地的远古生物上演了一部辉煌的生物演化大片。那里是 20 世纪 20 年代原"热河省"的区域，热河生物群也因此而得名。它被学者们称为"20世纪古生物界重大的发现之一"。

科学家通过对原始热河鸟化石的研究发现，在它的胃里幸运地保存了 50 多颗植物种子。可能这只热河鸟刚刚饱餐一顿，还没来得及消化就意外失去了生命。

五尖张和兽

中国鸟龙

原始热河鸟化石和它胃中的植物种子

孩子们快看，树上正在高歌的那两只鸟也是我们要找的一种古鸟，叫作圣贤孔子鸟，是比原始热河鸟更进步的基干鸟类，像恐龙一样的长长尾骨已经愈合成了很短的尾综骨。

圣贤孔子鸟

我看到圣贤孔子鸟的嘴里没有牙齿，不过翅膀上有锋利的大爪子。

既然都是圣贤孔子鸟，为什么两只不一样呢？有一只的尾巴可真长。

这叫性双型。尾巴长的那只是雄性，长尾巴的作用就是吸引异性；尾巴短的那只是雌性。很明显，它们是一对夫妇。

告别热河鸟后，大家尽情地欣赏着眼前热河生物群的盛况，玩得不亦乐乎。准噶尔翼龙在馆长爸爸的指引下，带大家来到了火山脚下。瞧，这里的动物还真不少！

大家还发现了一个奇怪的现象：虽然现代鸟类的口中都没有牙齿，但在这个大型恐龙繁盛的时期，大多数古鸟类的嘴里还保留着牙齿。

圣贤孔子鸟是世界上已知最早的用角质喙取代牙齿的古鸟类之一，真是颇具"创新"精神。

鹦鹉嘴龙

近鸟龙

侏罗兽

1994 年，周忠和、胡耀明在辽西当地化石收藏者的家中见到了一件非常残破的化石，虽然化石不完整，但是学者们依然敏锐地掂量出了它的分量，认为困扰学术界百年之久的鸟类起源问题，有望在这里找到答案。为了匹配它的学术价值，研究者把它命名为"圣贤孔子鸟"，用来纪念春秋时期伟大的思想家和教育家孔子，同时显示它的中国特色和古老特征。

除了原始热河鸟和圣贤孔子鸟，大家一路上还看到了许多长相奇特的古生物。突然，出现几只张着大嘴的强壮爬兽，正一步步逼近。为了安全起见，馆长爸爸赶紧带着孩子们坐上准噶尔翼龙，继续寻找线索。

准噶尔翼龙起飞的动静太大，把正在枝头栖息和捕食的两只朝阳会鸟吓得够呛，有一只会鸟甚至从大家眼前掠过，落到了另一棵树上。很明显，朝阳会鸟的飞行能力还不强，只能在树间滑翔。

朝阳会鸟

强壮爬兽

朝阳会鸟——恐龙进化成鸟类的"证人"

以前科学家只在带羽毛的恐龙中发现过"四个翅膀"的情况，如小盗龙和近鸟龙。2013 年，一项新的研究成果表明，会鸟的后肢上保存有显著的羽毛，并且具备协助滑翔的功能。这进一步说明，在从恐龙向鸟类演化的进程中，的确存在一个"四翅"的阶段。

朝阳会鸟　　顾氏小盗龙　　赫氏近鸟龙

刘氏盘古翼龙

这里的银杏树跟现在的都不一样，我要带两片树叶回去做标本。

银杏是活化石，也是典型的裸子植物，至少2亿多年前就出现了，它可是一路见证了恐龙的兴起、繁盛与衰落。

看来猎手鬼龙才是真正的捕鱼高手！它们额头上圆弧形的头冠好像头盔。

不用担心，那是猎手鬼龙，性格很温顺，属于进步的翼手龙类。猎手鬼龙爱吃小鱼小虾，不会攻击我们。

那里有几只满嘴龅牙的翼龙，好可怕。

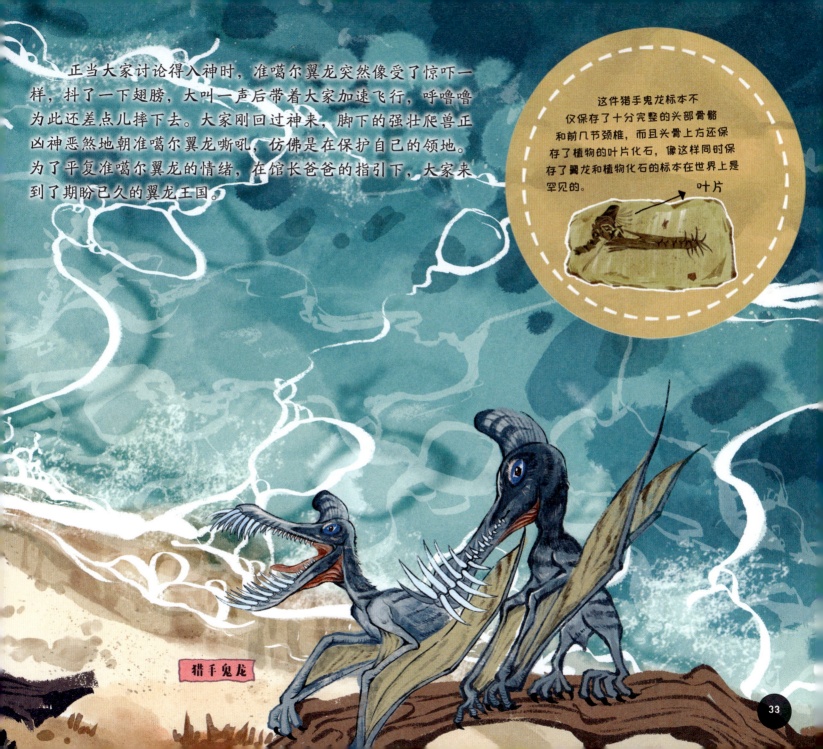

正当大家讨论得入神时，准噶尔翼龙突然像受了惊吓一样，抖了一下翅膀，大叫一声后带着大家加速飞行，呼噜噜为此还差点儿摔下去。大家刚回过神来，脚下的强壮爬兽正凶神恶煞地朝准噶尔翼龙嘶吼，仿佛是在保护自己的领地。为了平复准噶尔翼龙的情绪，在馆长爸爸的指引下，大家来到了期盼已久的翼龙王国。

这件猎手鬼龙标本不仅保存了十分完整的头部骨骼和前几节颈椎，而且头骨上方还保存了植物的叶片化石，像这样同时保存了翼龙和植物化石的标本在世界上是罕见的。

叶片

猎手鬼龙

准噶尔翼龙在湖边饱餐一顿后，还不忘给呼噜噜带了一条鱼回来。就在这时，几只没有头饰的"光头"翼龙从大家身边一闪而过，馆长爸爸一眼就认出这是从电影《阿凡达》里"走出来"的阿凡达伊卡兰翼龙。为了追上它们，馆长爸爸赶紧带孩子们坐上准噶尔翼龙，大家都不想错过这些充满传奇色彩的史前"飞龙"。

经过一阵追赶之后，大家跟随伊卡兰翼龙来到了一片开阔的湖面上。原来这里没有竞争者与它们争抢食物，它们可以惬意地饱餐一顿。

阿凡达伊卡兰翼龙

这块辽宁古果的化石标本采自辽宁北票的尖山沟。古植物学家孙革在放大镜下仔细观察时，惊喜地发现它的主枝和侧枝上呈螺旋状排列着 40 多枚类似豆荚的果实。有"果"必然就能开"花"。辽宁古果化石的发现，可以将被子植物出现的时间追溯到 1.3 亿年前。它不仅是史前之花，也是绽放在世界古生物学界的中国之花。

辽宁古果复原图

辽宁古果化石

神奇的下颌

伊卡兰翼龙薄而光滑的下颌骨质脊像刀片一样，可以切割水面以降低阻力，一旦发现水面附近的猎物，就迅速将其捕获。为了提高捕食效率，它们下颌脊上的钩状结构还附着一个柔软的囊，用于装食物。

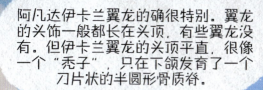

阿凡达伊卡兰翼龙的确很特别。翼龙的头饰一般都长在头顶，有些翼龙没有。但伊卡兰翼龙的头顶平直，很像一个"秃子"，只在下颌发育了一个刀片状的半圆形骨质脊。

它们嘴里长满了锋利的牙齿，翼展约1.5米，在翼龙家族中也就算中小个头，不过样子果然很像《阿凡达》中的飞行翼龙伊卡兰。

眼光不错！那些辽宁古果和中华古果可是目前已知的较原始的开花植物之一。

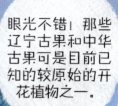

这些翼龙飞得可真快，还好淮噶尔翼龙刚刚吃饱了，有足够的力气追上它们。

哇……那些花好漂亮，好想近距离看看它们。

凌源潜龙

辽宁古果

中华古果

奇异环足虾

辽西鄂尔多斯龟

狼鳍鱼

为了满足尹五朵想近距离看看辽宁古果和中华古果的愿望，馆长爸爸带大家来到长满鲜花的湖边。这些鲜花的确美得让人移不开眼，只可惜这个时节果子还未成熟，无法带一些回去。

炎炎烈日正炙烤着大地，小朋友们早已汗流浃背，馆长爸爸决定让大家先到旁边的树林里去避一避。

顾氏小盗龙

翼龙家族中的"独行侠"

研究者推测，大多数翼龙傍水而居，以捕食鱼类等水生生物为食。而隐居森林翼龙可以用弯曲有力的爪子紧握树干，或倒挂休息，或在林中猎取昆虫，或隐藏于树丛中躲避天敌。隐居森林翼龙是目前已知的最适应树栖生活方式的翼龙。

隐居森林翼龙属于进步的翼手龙类，它的嘴巴尖长，眼睛很大，嘴里的牙齿已经完全退化消失。它和燕子差不多大，是目前世界上已知的最小的翼龙。

隐居森林翼龙的意思是隐藏在森林中的"飞行者"，这个称呼主要反映了它树栖的生活方式。

隐居森林翼龙

嘘，小点儿声，那是隐居森林翼龙，别把它们吓跑了。

这是什么声音？

为什么叫这么奇怪的名字，难道它还能隐身？

辽宁古果

馆长爸爸趁着大家休息的时间，数了数飞龙相机里的照片，发现照片已经集齐了一大半，终于松了一口气。看大家都休息得差不多了，馆长爸爸决定和孩子们到丛林里去继续寻找线索。

　　没走多远，大家隐约听到了潺潺的水流声，于是朝着水声的方向走去，一条小河出现在大家眼前，河水清澈见底。路边的一根枯树枝横跨河水两岸，调皮的呼噜噜踩着枯树枝跳到了河对岸，馆长爸爸和孩子们也只好踩着枯树枝跟了过去。

> 这是目前世界上已知的最原始的反鸟类——丰宁原羽鸟。它的尾羽既像爬行动物的鳞片，又像鸟类的羽毛，这么特别的尾羽被认为是羽毛演化的过渡类型。

> 馆长爸爸，快看，那只鸟的尾羽好漂亮。

里氏黎明鸟

　　反鸟类是中生代最重要的鸟类类群，因肩带骨骼的关节方式（肩胛骨以凹窝与乌喙骨的突起相关联）与现代鸟类正好相反而得名。反鸟类繁盛于白垩纪，白垩纪末期与非鸟恐龙一起灭绝，仅留下与现代鸟类有密切关系的今鸟型鸟类。我国反鸟类化石的种类和数量都居世界之首。

肩胛骨　　　　　肩胛骨

乌喙骨　　　　　乌喙骨

反鸟类肩带形态　　今鸟类肩带形态

原羽鸟具有特别的尾羽

原羽鸟具有特别的尾羽：两条长长的尾羽近端没有羽枝状的分支结构，羽轴两侧为均质的羽片，直到尾羽的远端才分化出与鸟类羽毛一致的羽枝和羽轴。这样的羽毛结构为羽毛的早期演化研究提供了重要的证据。

现生鸟的羽毛

丰宁原羽鸟的尾羽

丰宁原羽鸟

丰宁原羽鸟是我喜欢的古鸟之一，它翅膀上有典型的飞羽，最长能长到9.4厘米呢。

哇！又看到捕食蜻蜓的五尖张和兽了。

呼噜噜，别乱跑，小心又跑丢了。

五尖张和兽

来到河对岸后，大家顺着河流上游继续往前走，一路上，各种动物的鸣叫声汇成了一曲天然的交响乐。穿过一个山洞后，眼前出现了一片大瀑布，瀑布上空还有一座美丽的彩虹桥。这里可真是一个避暑胜地啊！

燕都华夏鸟是中国较早发现的中生代鸟类之一，揭开了世界著名的热河生物群古鸟研究的序幕。它具有较进步的前肢，以及较原始的后肢，这表明鸟类前肢比后肢的演化要更早。后肢较晚演化可能是为了完善飞行的需要，这也支持了鸟类飞行的"树栖起源假说"。

燕都华夏鸟

现在枝头鸣叫的鸟儿是燕都华夏鸟，属于反鸟类。它的个子虽然不大，但头颅可不小，尖长的嘴里长满了牙齿。它的飞行能力已经可以和今天的鸟儿媲美了。

这里太美了，还有彩虹，我也好想成为这里的一只小鸟。

你要真的成了古鸟，可就回不去了。

成吉思汗鄂托克鸟的种名"成吉思汗"是为了纪念元太祖成吉思汗，属名"鄂托克鸟"表明其化石产地是来自内蒙古自治区鄂托克旗。它填补了包括始祖鸟与华夏鸟在内的白垩纪早期鸟类之间的进化环节。

不一定哟！比如，那只比燕都华夏鸟更原始的反鸟类——成吉思汗鄂托克鸟，它的飞行能力看起来就很一般。

是不是所有的反鸟类都可以自由飞行？

成吉思汗鄂托克鸟

瀑布上空的彩虹已经消失，大家决定去别的地方看看，寻找新的目标。但除了刚走过的山洞，前方已无路可走。就在这时，机灵的准噶尔翼龙趴在地上，做好了带大家出发的准备。

告别燕都华夏鸟后，大家搭乘准噶尔翼龙这架远古"专机"，在高空俯瞰着这个生机勃勃的世界，偶尔还会与天空中的翼龙擦肩而过。飞过几个山头以后，大家眼前出现了一片宽阔的湖面，准噶尔翼龙在馆长爸爸的指引下贴着湖面慢慢飞行。

那些正在忙着吃鱼肉大餐的鸟叫马氏燕鸟，它们有较强的飞行能力，牙齿又密又粗，翅膀上保留有爪子，是今鸟型类的原始代表。

这是因为辽宁省朝阳市曾是十六国时期鲜卑族政权燕国的都城，燕鸟就是因产自这里而得名，而其种名"马氏"是为了纪念美国古生物学家拉里·马丁教授。

为什么要叫马氏燕鸟呢？

燕鸟多数时间在土质松软的湖岸上生活，只有少数时间在树上活动。

看来不管是哪个时期的鸟类，鱼儿都是它们的最爱。

马氏燕鸟

滕氏嘉年华龙

恐龙中的一支在进化成鸟类的过程中曾存在一个"四翅"阶段，并且后肢在鸟类飞翔起源过程中扮演过非常重要的角色。也就是说，一些早期鸟类曾用四个翅膀飞翔，而现在它们后腿上的飞羽早已不见踪影。据研究人员推测，随着前肢和后肢在运动系统中逐渐偏重不同的功能，鸟类的前翼变得更加发达，而腿羽则逐步退化。

中华丽羽龙　近鸟龙　会鸟　华夏鸟　今鸟型类

馆长爸爸和孩子们在热河生物群已经看到了许多恐龙、古鸟和翼龙，但大家都意犹未尽。机会难得，馆长爸爸决定带着孩子们到白垩纪早期的新疆哈密，去看看哈密翼龙的真面貌。谁知路过甘肃玉门时，大家突然听到了一阵阵哀鸣。馆长爸爸让准噶尔翼龙赶紧降落在地上，想要一探究竟。

　　施氏慈母鸟疼得在地上打滚儿，声音也越来越弱。大家不愿看到的事情还是发生了，施氏慈母鸟走完了它的一生。大家把施氏慈母鸟埋在了蛋旁边，希望它可以以这种方式继续守护它的孩子和同伴。

它的名字叫施氏慈母鸟，也属于反鸟类。看样子应该是有一颗蛋卡在了体内，正面临着难产的痛苦，它很可能快不行了。

它现在肯定特别难受，可惜我救不了它。

我知道乌龟有时会难产，但鸟类难产我还是第一次听说。

这只鸟怎么了，叫声那么奇怪，是不是生病了？

施氏慈母鸟出现了现生爬行类常见的"挟蛋症"（俗称"卡蛋"），它的蛋已经在体内停留了很长时间，生不出来。

施氏慈母鸟

　　科学家在施氏慈母鸟化石的腹腔内发现了一个破碎的蛋，这也是世界上首个腹腔内含有蛋壳的灭绝鸟类化石。这为研究古鸟类的生殖繁育提供了新的信息。

　　研究者在施氏慈母鸟化石的腿骨碎片中，发现了疑似雌性鸟类在产卵时为给蛋提供钙源而形成的髓质骨的结构。施氏慈母鸟化石罕见地将具有卵和髓质骨两个确凿的性别鉴定特征结合在了一起，这一发现有利于鉴定古鸟类的性别。

离开甘肃后，馆长爸爸指引准噶尔翼龙继续飞往新疆哈密翼龙动物群。不一会儿，大家便来到了新疆哈密一个湖边的沙滩上。不过今天这里就像是被人施下了魔咒一样，天空乌云密布，电闪雷鸣。

暴风雨马上就要来了，我们不能在这里待太久。我们眼前的这两只就是天山哈密翼龙夫妇。天山哈密翼龙属于大型群居的翼手龙类，成年后翼展可达 3.5 米以上。

快看！这里有两只小翼龙正在破壳，眼睛都还没睁开。可是翼龙为什么要把蛋产在沙土堆里呢？

这是因为翼龙蛋很软，翼龙妈妈无法趴在蛋上面孵化，只能将它们埋在沙土堆里自然孵化。

这里可真是热闹极了！不过不要离翼龙太近，小心它们为保护宝宝而伤到我们。

翼龙的蛋摸起来软软的。

翼龙蛋和其他爬行动物及鸟类的蛋壳都是双层结构。翼龙蛋外层是非常薄的钙质硬壳，内层是较厚的软质壳膜，软质壳膜厚度是钙质硬壳厚度的 3 倍多，和现生爬行动物如蛇的蛋相似，因此，学者认为翼龙蛋是软壳的。而包括恐龙和鳄鱼等在内的很多爬行动物和鸟类的蛋壳厚度则与之相反，属于硬壳蛋。

蛋壳 卵壳膜
蛋黄
气室
蛋白

鸡蛋结构示意图

天山哈密翼龙的头骨上长有明显的头饰，雄性的头饰更大、更艳丽，前缘向前向上弯曲；雌性的头饰较小，前缘向后延伸。

雄性

雌性

天山哈密翼龙

大家突然听见呼噜噜大叫了一声，这时狂风呼啸，远处一个巨浪正向岸边袭来。哈密翼龙腾空而起，呼噜噜吓得赶紧躲到尹五朵的怀里。馆长爸爸迅速召唤准噶尔翼龙，带着大家离开。

正当馆长爸爸与孩子们讨论下一站要去哪里时，一向淡定的准噶尔翼龙变得异常兴奋，飞行也变得时快时慢、时高时低。馆长爸爸似乎看穿了准噶尔翼龙的心思，知道它肯定是想家了。为了满足它的愿望，也出于好奇，馆长爸爸决定带大家去新疆白垩纪早期的乌尔禾翼龙动物群，去看看准噶尔翼龙的家乡。

湖边这些就是魏氏准噶尔翼龙，属于进步的翼手龙类，翼展可达 3 米，是中国发现的大型翼龙。

它们嘴前部向上翘起，较大的牙齿长在嘴的后部，喜欢吃湖泊中的贝壳类、鱼类和软体动物。

原来这里就是准噶尔翼龙的老家，真是美极了！

魏氏准噶尔翼龙的属名来源于化石的发现地新疆准噶尔盆地，种名则来自化石的发现者魏景明。

我发现它们头上的脊冠都是波浪形的，好可爱啊。

乌尔禾翼龙动物群

在准噶尔盆地发现准噶尔翼龙后，杨锺健先生等人对这一地区进行了多年的考察和研究，先后发现了复齿湖翼龙和多种恐龙新种。1973 年，这一动物群被正式命名为"乌尔禾翼龙动物群"。

准噶尔翼龙的头骨长度可达 50 厘米，头上的脊冠从鼻眶前孔一直延伸到头骨后方，是具有代表性的头冠类型之一。

准噶尔翼龙头骨化石

1963 年夏天，新疆石油地质工作者魏景明在准噶尔盆地进行野外考察，黄昏时突然风沙大作，魏景明一路小跑躲到了一棵榆树下。正当他发愁如何离开时，一低头，在身边一条小沟里发现了几块非常轻薄的白色肢骨化石。

1964 年，杨锺健先生最终鉴定它们为一个新的翼龙种，并命名为"魏氏准噶尔翼龙"。这是中国第一个能鉴定到种级别的翼龙，也开启了中国翼龙研究的新篇章。

魏氏准噶尔翼龙

49

准噶尔翼龙和大家依依不舍地离开了新疆，馆长爸爸数了数相机里的照片，发现任务已经超额完成，准备和大家回照相馆。正在这时，俞果突然向馆长爸爸提出了一个请求：他想亲眼见识一下传说中"鸟吃马"的时代。

馆长爸爸觉得这个提议不错，其他小朋友也都想去看看史前巨鸟长什么样子。于是，馆长爸爸按下了时空按钮，跟随准噶尔翼龙来到了穿越之旅的最后一站——距今4600万年前的河南省淅川县。

淅川中原鸟

那只正在追赶三趾马的巨鸟是新鸟类中的淅川中原鸟，也是我国年代最早的巨型鸟类。它高约2米，有强健的喙和短粗的腿，是我国目前已知的最早失去飞行能力的鸟类，只可惜它们最终也逃不过灭绝的命运。

哈哈，没想到陶旦也有害怕的时候。呼噜噜，你可要乖一点儿，小心被巨鸟吃掉。

嘘！咱们还是离那些巨鸟远点儿，我可不想成为它们的食物。

已知化石记录表明，早在 5000 万年前，现代马的祖先——始祖马就已经出现了。它们分布在欧洲和北美洲，前肢有四个脚趾，后肢有三个脚趾。后来，古马脚趾的数量越来越少，陆续出现了渐新马、草原古马、三趾马等原始的种类，最后，才出现了只有一个脚趾的真马。

马及其前趾的进化

前肢有四趾	前肢有三趾	中趾渐趋发达	中趾发达，两侧趾退化	中趾趾端形成硬蹄
始祖马		三趾马		现代马

三趾马

三趾马个子比现代马小不少，脚指头也比现代马要多，它们是现代马的祖先。

终于亲眼看到这个不可思议的年代了，那些三趾马如果被巨鸟盯上，肯定在劫难逃。

51

在准噶尔翼龙的陪伴与帮助下，馆长爸爸和小朋友们有惊无险地完成了此次探险之旅，最终大家跟随准噶尔翼龙回到了照相馆。

馆长爸爸将"飞龙相机"交给了老奶奶。不一会儿，照片全部都被打印了出来。

53

当尹五朵把所有照片都放入"飞龙信箱"后，大家眼前出现了一个彩色的大漩涡，把大家都吸了进去。等再次反应过来时，大家已经站在了古动物馆古鸟与翼龙展区前面。令大家兴奋的是，照片墙上所有缺失的照片已经全部补齐了。

鸟类与翼龙演化关系简图

小翼羽出现
长尾骨消失
今鸟型类
中原鸟
燕鸟
反鸟类
下趾骨出现
孔子鸟
始孔子鸟
会鸟
牙齿消失
鸟类
热河鸟
始祖鸟

一个星期后，探险队的小朋友们把馆长爸爸带到了科学课堂。原来大家已经把这次探险的成果进行了总结，这次请馆长爸爸来，就是想给他一个惊喜。

相信大家经过这次探险之旅都有许多收获。看到你们这么用心地总结，也算是为这次探险画上了一个圆满的句号。我为你们点赞！

我最喜欢跟馆长爸爸去探险了，顺利完成任务的感觉太好了，充满了成就感。

在这次探险中，我学到了好多书本上没有的东西，不仅看到了长四个翅膀的恐龙和古鸟，还看到了恐怖的巨鸟。

恐龙其实并未灭绝，鸟类就是恐龙遗留下的唯一后裔。现生的鸟类有一万多种，而哺乳动物全部也就五千多种，或许从某个角度来说，恐龙的霸权至今都未终结，只是它们早已飞向了蓝天，逍遥自在，对地面的一切不屑一顾。

生命不息，演化不止
作者：俞果

鸟类和部分恐龙一样，不仅会吃肉、孵蛋、吞小石头，甚至睡觉时姿势都差不多——它们都会把头埋进前肢下面。

鸟类与恐龙共有的习性
作者：尹五朵

2.3亿年前恐龙刚出现的时候，还没有被子植物，植食性恐龙不仅吃不到草，也看不到花。现已知的最早的被子植物是1.7亿年前侏罗纪的美丽青甘宁果序，它们最初生活在水里，经过漫长的演化，开始扎根陆地，开花结果，它们的花朵把世界装扮得五彩缤纷，而果实则是鸟类的最爱。

被子植物由水登陆
作者：王可儿

在6600万年前，翼龙和它们的亲戚非鸟恐龙一样，也许是食物短缺或气候巨变，把它们逼上了绝路，未能躲过白垩纪晚期的大灭绝，但它们独特的结构和样貌，向我们展现出了动物在形态和功能上的极限，它们的化石记录是通往过去世界的一扇大门，让我们更好地了解地球历史和生物演化的奥妙。

最早飞向蓝天的脊椎动物
作者：陶旦

我已经把带回来的银杏叶做成了标本，这可是全世界独一无二的。

不知道跟我们一起探险的准噶尔翼龙还会不会记得我们，这一路上可多亏了它。

探险之旅
总结手账

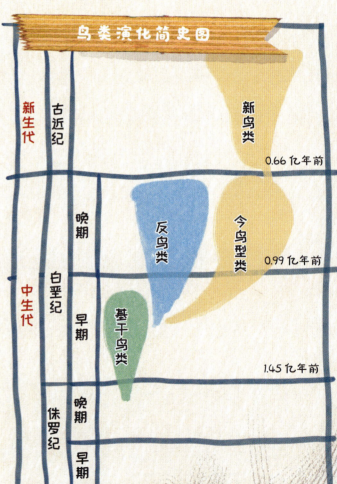

鸟类演化简史图

新生代	古近纪		新鸟类
			0.66亿年前
中生代	白垩纪	晚期	反鸟类 / 今鸟型类
		早期	0.99亿年前
			基干鸟类
	侏罗纪	晚期	1.45亿年前
		早期	

古鸟部分

1. 基干鸟类：原始热河鸟、朝阳会鸟、圣贤孔子鸟。
2. 反鸟类：丰宁原羽鸟、燕都华夏鸟、施氏慈母鸟。
3. 今鸟型类：马氏燕鸟、淅川中原鸟。

翼龙部分

1. 原始的喙嘴龙类：宁城热河翼龙。
2. 过渡的悟空翼龙类：李氏悟空翼龙、模块达尔文翼龙。
3. 进步的翼手龙类：天山哈密翼龙、魏氏准噶尔翼龙、
   猎手鬼龙、阿凡达伊卡兰翼龙。

翼龙家族的分类与演化

翼龙家族	原始的喙嘴龙类	悟空翼龙类	进步的翼手龙类
特点	上下腭都有牙齿	后肢、尾部保留着原始喙嘴龙类的特征	牙齿出现分化或者无齿，有的牙齿已经消失
	尾巴很长（短嘴翼龙除外）		尾巴很短
	第五趾较长	关骨、颈椎与进步的翼手龙相似。这类翼龙对深入了解翼龙的演化关系具有重要的科学价值	第五趾退化或消失
	脖子和手掌都短，颈上有肋骨		脖子和手掌相对较长，一般不具颈肋

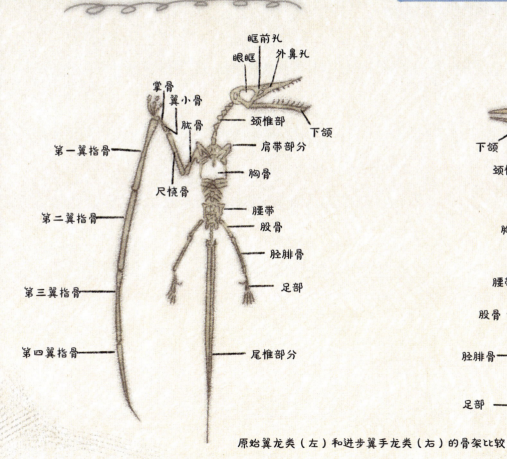

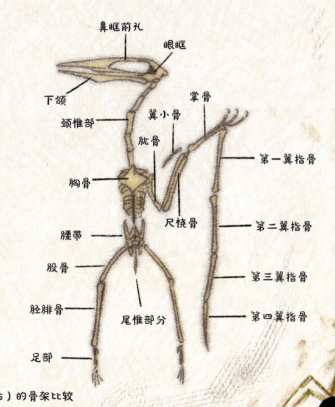

原始翼龙类（左）和进步翼手龙类（右）的骨架比较

馆长爸爸绝密档案

1. 著名的科学骗局——"古盗鸟"事件

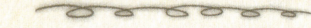

　　1999 年，辽西的一个农民用高明的拼图游戏，可以说是天衣无缝地将燕鸟的身子"嫁接"到了小盗龙的尾巴上。同年 11 月，美国《国家地理》杂志用很长的篇幅，刊登了一篇标题为《霸王龙长羽毛了吗？》的文章，介绍这块来自中国的神奇化石。研究人员将它称为"古盗鸟"，认为"古盗鸟"的发现为鸟类起源于恐龙提供了直接证据。

　　然而，这个世界上总是存在令人意想不到的巧合。当时，中国古生物学家徐星老师和同事们正在研究一块发现于辽西的化石标本。他们观察到，这块化石的尾部竟然与"古盗鸟"标本的尾部一模一样。徐星老师很快发现，"古盗鸟"其实并不存在，它是由不同动物的骨骼化石拼凑起来的。于是，他给《国家地理》杂志写了一封信，质疑"古盗鸟"的标本。2000 年初，《国家地理》杂志召开发布会，承认了自己的错误。

2. 恐龙时代的古鸟是如何吃喝的？

　　2011 年，科学家在朝阳会鸟和高冠红山鸟的标本上，发现了迄今最早可以湿润和软化食物的嗉囊，嗉囊里还保存了裸子植物的种子，这表明早期植食性的古鸟已经具有了和现代鸟类相似的消化器官。

（1）腺胃——分泌消化液，软化食物。

（2）肌胃——鸟儿吞咽沙砾贮存在肌胃里，利用沙砾对坚韧的食物进行研磨。

（3）食团——难以消化的食物残渣，如骨骼、毛发等。将食团吐出体外，能减轻体重，减少飞行所需的能量。

（4）嗉囊——不仅可以暂存食物，还能润湿和软化食物，有助于消化。

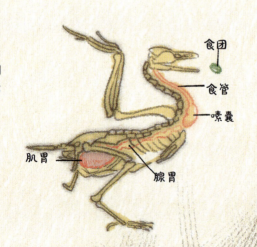

3. 巨型鸟类为何会灭绝?

在白垩纪晚期非鸟恐龙灭绝后,陆地上没有其他的大型猎食动物来和这些巨鸟竞争。哺乳动物大多是植食性的,或是小型的食肉者,只能猎捕小型的猎物,于是巨型食肉鸟类有很长一段时间独占食物链的顶端。但是之后,它们的地位被大型食肉哺乳动物所取代,后者的奔跑速度更快,捕猎效率更高。巨型食肉鸟类在这场竞争中败下阵来,最终被湮灭在地球的历史长河中。

4. 如何通过化石鉴定物种的性别?

如何通过化石鉴定物种的性别,一直是让古生物学家们感兴趣却伤透脑筋的问题。如今,施氏慈母鸟的发现为解答这个问题提供了新的线索。研究者在施氏慈母鸟化石的腿骨碎片中,发现了疑似雌性鸟类在产卵时为了给蛋提供钙源而形成的髓质骨的结构。而施氏慈母鸟化石罕见地将具有卵和髓质骨两个确凿的性别鉴定特征结合在了一起,这一发现有利于研究者鉴定古鸟类的性别。

5. 两亿多年来银杏经历了怎样的蜕变?

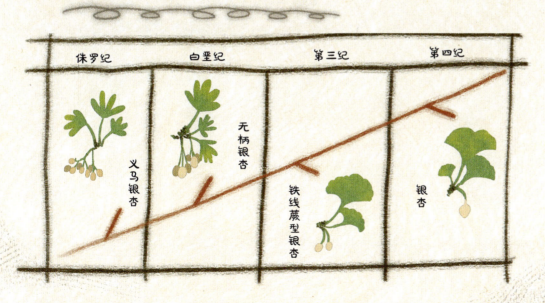

飞行棋

游戏规则：猜拳或掷骰子，根据猜拳的输赢或掷出的点数，前进相应的步数。走到哪一步，则要说出对应生物的名称，回答不出则后退一步，率先走到终点的玩家获胜。

参考文献：

专著类：

[1] 王原，葛旭，邢路达. 听化石的故事 [M]. 北京：科学普及出版社，2018：92–16.

[2] 王原，吴飞翔，金海月. 证据：90载化石传奇 [M]. 北京：中国科学技术出版社，2019：96–230.

期刊类：

[1] 吕均昌. 达尔文翼龙的发型及其意义 [J]. 地理学报，2010，31（2）：129–136.

[2] 李宁，程仕靓，汪文灏. 演化串起翼龙演化的链条 [J]. 科学世界，2017，（7）：122–125.

[3] 汪筱林. 森林翼龙：世界上最小的树栖翼龙 [J]. 科学，2008，60（2）：23.

[4] 周志炎. 中生代银杏类植物系统发育、分类和演化趋向 [J]. 云南植物研究，2003，25（4）：377–396.

你认出飞行棋中出现的生物了吗？

1. 宁城热河翼龙
2. 李氏悟空翼龙
3. 模块达尔文翼龙
4. 天山哈密翼龙
5. 魏氏准噶尔翼龙
6. 猪手鬼龙
7. 阿凡达伊卡兰翼龙
8. 原始热河鸟
9. 朝阳会鸟
10. 圣贤孔子鸟
11. 丰宁原羽鸟
12. 燕都华夏鸟
13. 马氏燕鸟
14. 施氏慈母鸟
15. 淅川中原鸟

图书在版编目（CIP）数据

振翅史前天空 / 顾霞著；初冬伊绘. —南宁：广西科学技术出版社，2024.5
（神奇的古动物馆）
ISBN 978-7-5551-2079-7

Ⅰ. ①振… Ⅱ. ①顾… ②初… Ⅲ. ①古生代—鸟类—儿童读物②恐龙—儿童读物 Ⅳ. ①Q959.7-49 ②Q915.864-49

中国国家版本馆CIP数据核字(2023)第210386号

神奇的古动物馆
ZHENCHI SHIQIAN TIANKONG
振翅史前天空
顾霞　著　初冬伊　绘

策划编辑：蒋　伟　　　　　　　　　　责任编辑：王艳明　邓　颖
特约编辑：聂　青　　　　　　　　　　排版设计：初冬伊
责任印制：高定军　　　　　　　　　　封面设计：嫁衣工舍
责任校对：冯　靖

出 版 人：梁　志　　　　　　　　　　出版发行：广西科学技术出版社
社　　址：广西南宁市东葛路66号　　　邮政编码：530023
电　　话：010-65136068-800（北京）

经　　销：全国各地新华书店
印　　刷：雅迪云印（天津）科技有限公司　　地　　址：天津市宁河区现代产业区健捷路5号
开　　本：850mm×1000mm 1/16
印　　张：4　　　　　　　　　　　　　字　　数：50千字
版　　次：2024年5月第1版　　　　　　印　　次：2024年5月第1次印刷
书　　号：ISBN 978-7-5551-2079-7　　　定　　价：38.00元

版权所有　侵权必究
质量服务承诺：如发现缺页、错页、倒装等印装质量问题，可直接向本社调换。
服务电话：010-65136068-800　团购电话：010-65136068-808